鳥事一堆！超崩潰鳥類觀察筆記

鳥事一堆！超崩潰鳥類觀察筆記

馬特·克拉赫特 Matt Kracht　著

吳建龍　譯

積木文化

鳥事一堆！超崩潰鳥類觀察筆記

來自全世界，集結海陸空，六種體型、七大劣根性，一笑解千愁的紓壓手繪賞鳥指南

作　　者	馬特‧克拉赫特（Matt Kracht）
譯　　者	吳建龍
總 編 輯	王秀婷
責任編輯	李　華
美術編輯	于　靖
版　　權	徐昉驊
行銷業務	黃明雪

發 行 人	涂玉雲
出　　版	積木文化
	104台北市民生東路二段141號5樓
	電話：(02) 2500–7696｜傳真：(02) 2500–1953
	官方部落格：www.cubepress.com.tw
	讀者服務信箱：service_cube@hmg.com.tw
發　　行	英屬蓋曼群島商家庭傳媒股份有限公司城邦分公司
	台北市民生東路二段141號2樓
	讀者服務專線：(02)25007718–9｜24小時傳真專線：(02)25001990–1
	服務時間：週一至週五09:30–12:00、13:30–17:00
	郵撥：19863813｜戶名：書虫股份有限公司
	網站：城邦讀書花園｜網址：www.cite.com.tw
香港發行所	城邦（香港）出版集團有限公司
	香港灣仔駱克道193號東超商業中心1樓
	電話：+852–25086231｜傳真：+852–25789337
	電子信箱：hkcite@biznetvigator.com
馬新發行所	城邦（馬新）出版集團 Cite（M）Sdn Bhd
	41, Jalan Radin Anum, Bandar Baru Sri Petaling, 57000 Kuala Lumpur, Malaysia.
	電話：(603) 90578822｜傳真：(603) 90576622
	電子信箱：cite@cite.com.my

製版印刷　上晴彩色印刷製版有限公司

城邦讀書花園
www.cite.com.tw

國家圖書館出版品預行編目資料

鳥事一堆!超崩潰鳥類觀察筆記/馬特.克拉赫特(Matt Kracht)作；吳建龍譯. -- 初版. -- 臺北市：積木文化出版：英屬蓋曼群島商家庭傳媒股份有限公司城邦分公司發行, 2022.05
面；　公分
譯自：The field guide to dumb birds of the whole stupid world
ISBN 978-986-459-401-6(平裝)

1.CST: 鳥類 2.CST: 動物行為

388.8
111003895

【印刷版】
2022年 5 月 5 日　初版一刷
2022年 8 月 19日　初版二刷
售　價／NT$450
ISBN 978-986-459-401-6
Printed in Taiwan.

【電子版】
2022年 5 月
ISBN 978-986-459-403-0（EPUB）

有著作權‧侵害必究

感謝我老母，以慈愛和歡笑養育我長大，從小鼓勵我發揮想像力。
我能乖乖坐下完成那篇鳥報告，全都是因為她。

目次

前言

雖然我在前一本書《The Field Guide to Dumb Birds of North America》已經介紹過自己賞鳥歷程的一些難堪往事，但為了讓新同學搞清楚這本書的來龍去脈，我想最好再講一次。

差不多在我十歲時，一位和藹可親的小學老師引領我進入賞鳥天地。她本身是個狂熱的業餘鳥類學家，對什麼鳥都很有興趣，所以，我們班就這麼被她拉去探索鳥類世界。我是在華盛頓州西北部長大的，至今仍住這兒，那時我們去過許多附近的鳥類保護區和霧濛濛的森林步道，多次實地考察行程讓我們受益良多。

還記得有次下著雨，我們沿著斯卡吉特河（Skagit River）激流泛舟時，親眼看到一場大自然上演的戲碼：成群白頭海鵰（Bald Eagle）聚集在這一帶，大啖每年從太平洋洄游溯溪至此產卵而筋疲力盡的鮭魚。回想起來，這段斯卡吉特河或許只是有一些小湍流而已，根本稱不上激流，但對我來說，那就是一次貨真價實的荒野冒險。

各種探索大自然及鳥類的活動，讓我的年少時光留下無數美好回憶，但某次，有份鳥類報告作業卻發生悲劇。在我十歲的幼小心靈中，那成了我學業上的首次重大挫敗。

為了那份鳥類報告，我在美國寒冷潮溼的太平洋西北地區悲慘地進行多次踏查，想要觀察出了名難找的金冠戴菊（Golden-crowned Kinglet），結果總是無功而返，令我備受挫折。我本來想研究、撰

寫的是我當時最愛的黑頂山雀（Black-capped Chickadee），這種小鳥超常見，無奈天不從人願。其實一開始，我覺得只要去圖書館翻一翻資料就好，但又想到，這可是個科學議題耶，得在野外蒐集第一手觀察資料才夠屌。對，我就是那種屁孩。

最終，歷經多次野外調查，卻連半隻戴菊都沒見到後，我的奮戰在耶誕假期的最後一天達到高潮。我翻著老舊的《彼德森野鳥圖鑑》（*Peterson Field Guide*）以及家裡的《大英百科全書》，想把搜集到的資料湊成一份差強人意的報告，與此同時，淚水和繳交期限的焦慮幾乎讓我喘不過氣。雖然最後拿到還算令人滿意的成績，但那反倒讓我感到更屈辱，而且整件事怨不得別人，只能怪自己。

隨著時間推移，我從這份恥辱中逐漸恢復過來，總算淡忘了那份鳥報告。三十多年後，我在某條小徑漫步時，一隻該死的金冠戴菊突然出現在灌叢，那是我第一次在野外看到這種鳥。我對著牠拍照拍了老半天，結果照片全是糊的——牠再一次把我惹毛之後，就飛走了，一去不回頭。至今，我再也沒有看過第二隻金冠戴菊。

以上便是我第一本書的創作起源。歸根究柢，我得感謝那位無私的教師分享她對鳥類的熱愛，讓我對鳥兒產生終身的迷戀，不過也多虧那份被詛咒的報告，害我潛意識裡對牠們抱著難消的怨氣。所以，雖然我對觀察和研究鳥類超有興趣，但只要一逮到機會，也很樂於挫挫這些小王八蛋的銳氣。

我完成第一本「鳥書」後，某種程度上算是一解心頭之恨了，現在我把目光投向世界其他地方。相信我，我都直接講啦！我的使命就是要把真相帶給全世界：鳥兒是如此迷人、美妙，外加愚蠢，牠們就是一群混帳東西。

如何使用這本書

如果你是賞鳥新手，可以先花點時間熟悉這本筆記的不同章節，尤其是直接談論鳥類的那一章，應該會對你很有幫助。除了鳥種手繪圖，還包括地理分布區、行為、叫聲以及一般性的描述和說明。這些內容不僅有助於正確辨認牠們，還能幫你更深入了解和欣賞牠們的機車本性。

除了鳥種描述和特性之外，這本書還提供許多相關主題的有用資訊，例如鳥類分布區、辨識方法、賞鳥倫理，甚至還有一小部分是關於歷來人們如何在藝術上呈現鳥類。此外，我還在書中加了一章，內容是我自己設計的一些活動，希望讓賞鳥者學到進行鳥類觀察時的關鍵技能，藉此磨練出強大的能力，以迅速辨識這些長著羽毛的小王八蛋。

第一章

到處都是鳥的好棒棒世界

如果你問科學家：鳥類在地球上的分布狀況如何？他們可能會跟你講一大堆和「動物地理區」（Zoogeographic Regions）有關的知識。正如同大多數的科學，這套自信滿滿的知識極為精確，但也很乏味，而且內容會隨著時間而改變。

要是你的科學家朋友在那邊滔滔不絕「系統發育親和度的量化」，並講出像是「進一步闡明相關現象」之類的火星話時，請自行轉臺，然後在腦中想一些讓人愉快的事情。他們都是老學究，只顧沉浸在自己讓人昏昏欲睡的聲調中，完全不會注意到你的眼神早已渙散呆滯。來，這才是你真正需要了解的資訊：

動物地理學家根據動物分布的特色，把全球分成六或七個區域，這就是「動物地理區」。

就這樣，結束，簡單不唬爛。但如果你感興趣，我可以跟你說，十九世紀時，有一大票科學家對這些區域要怎麼劃分以及要分成幾塊而爭論不休。到了1876年，這場枯燥乏味的書呆競賽被一個叫華萊士（Alfred Russel Wallace）的英國探險家暨博物學家拔得頭籌，所以現在我們都得稱他為「生物地理學之父」，並沿用他所界定的分區。抱歉了，許瑪達（Ludwig Karl Schmarda），從《動物的地理分布》（ *Die geographische Verbreitung der Thiere*, 1853）這本書可以看出你的企圖，但就生物地理學者而言，你還是一旁涼快去吧。

我們今天把這些動物地理區分別稱為新北界（Neoarctic）、新熱帶界（Neotropic）、古北界（Paleoarctic）、非洲熱帶界（Afrotropic，或稱舊熱帶界）、印度馬來亞界（Indomalayan）和澳大拉西亞界（Australasian，或稱紐澳界）──不過，當年華萊士命名時，非洲熱帶界被稱為「衣索比亞界」（Ethiopian），印度馬來亞界叫做「東洋界」（Oriental），然後用「澳洲界」（Australia）代表整個澳大拉西亞界。這聽起來根本整組壞掉，我知道，但我想那是個不同的年代，有點像你阿公要講古時，開頭先來一句「你知道我不是種族主義者，不過喔⋯⋯」

動物地理區

扯遠了，這不是本書的重點，讓我們跳過華萊士跟那些敏感的生物分布觀點吧，不過，那些觀念在十九世紀的科學思想中，確實占有主導地位就是了。

我發現，從鳥兒的基本類型來分門別類才是王道，而且用我精心構想的一套區域系統，便可劃出牠們的大致分布範圍，那套系統的根據，你不用成為科學家也已經知道，就是地球上的「大陸」。

我稱這套區域系統為「全球主要鳥類分布區」，內容其實超簡單，即使你沒有系統發育學（又稱親緣關係學）碩士學位也無妨。嗯，不用謝。

ARCTICA 北極

全球主要

（一堆島嶼*）

南極
Antarctica

NEW CONTINENTS 新大陸

1. NORTH AMERICA 北美

2. South AMERICA 南美

*太平洋上的一堆島嶼，或許算在大洋洲裡面

鳥類分布區

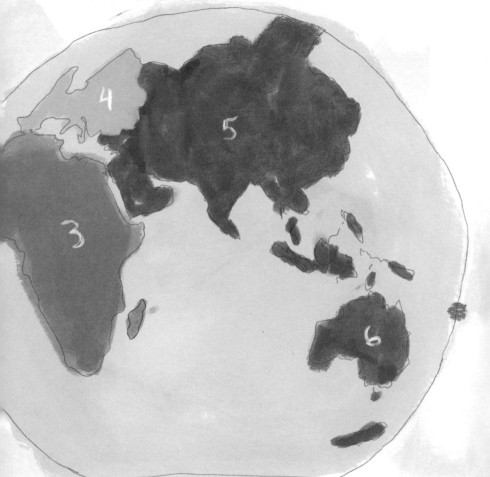

OLD CONTINENTS 舊大陸

3. AFRICA 非洲
4. EUROPE 歐洲
5. ASIA 亞洲
6. "OCEANIA" 大洋洲

北美洲

北美洲包括美國、加拿大和墨西哥。你不要聽到這樣就幹幹叫，墨西哥是哪裡不好了？根據奧杜邦學會和康乃爾大學鳥類學研究室的資料，這一區的鳥類超過二千種，而且起碼有十來種鳥曾讓本書作者（就是在下本人我）覺得受到牠們的各式羞辱。

南美洲

南美洲就在北美洲的屁股下面，而中美洲則是夾在中間。（根據一些研究大陸的地理權威們所言，中美洲事實上是北美洲的一部分。但如果你是住在貝里斯、哥斯大黎加、薩爾瓦多、瓜地馬拉、宏都拉斯、尼加拉瓜、巴拿馬、美國或墨西哥的話，你大概不會同意這種看法）。無論如何，科學家發現南美洲的鳥類多到爆，他們說這一區的鳥種數量冠於全球。

非洲

有些科學家最近表示，用鳥「種」的數量做為多樣性的主要指標，會造成誤導，因此他們認為，比較好的衡量方式是以更高的分類階層（例如屬和科）來計算。照這種說法，撒哈拉以南的非洲，就會成為世界上鳥類最「多樣化」的區域。這些計算的內容相當複雜，涉及一大堆系統發育學和分布資料，而且這種觀點出自《南非科學期刊》（*South African Journal of Science*），所以我是覺得喔，這根本只是當地生物學界在那邊羨慕嫉妒恨吧。我想表達的是，到底是為什麼要證明非洲的鳥類多樣性最高啊？大家都已經接受非洲是人類的發源地了，為什麼還要這樣毀掉眾人的幸福快樂呢？

歐洲

在我撰寫這些文字的當下，歐洲的位置是在亞洲、非洲和大西洋之間，面積約略超過一千萬平方公里。可悲的是，整個歐洲大部分地區都能找到鳥。賞鳥在那兒是很受歡迎的活動，尤其是在英國，人們對鳥著迷的程度實在讓我擔憂。真的，整個歐洲都有賞鳥怪咖，而且很多鳥痴還會自豪地提醒你鳥類學是歐洲人發明的。但其實最早對鳥類進行系統研究的，是公元前四世紀的亞里斯多德，當時他可是希臘人，才不是什麼「歐洲人」咧。

亞洲

這個區域幾乎大到無法討論。讓我們把它分成幾個比較小的區域好了：中亞、東亞、東南亞、南亞（這區很大，包括印度，你他媽的知道印度有多大嗎）、西亞……可能還有一、兩個什麼亞的我忘了，反正地理不是我的強項。我們確知的事情是整個亞洲都有鳥，而且有些長得很詭異。

大洋洲

「大洋洲」這詞聽起來很像是個夢幻的神祕海底王國，由一支古老聰慧的人魚族統治，他們手持三叉戟，穿著類似古希臘時期的服裝（即便生活在水下），擁有館藏驚人的海底圖書館，裡頭典藏著數千年來鮮為人知、刻在巨大蚌殼上的海底知識，此外，他們還能與其盟友——海豚，以心靈感應的方式進行溝通。靠，超威的！喂，冷靜點，大洋洲其實就是澳洲跟紐西蘭好嗎？可能還包含一些島嶼啦。所以根本沒有海底王國，這實在太讓人失望了啊啊啊，尤其想到海底可能是地球上僅存的無鳥地帶時，唉。

要去哪裡看鳥

事實上，不管你喜不喜歡、想不想要，某種程度上，這個世界可說到處都是鳥，只要你開始找，就會發現牠們無所不在。但是，如果基於某些原因使得你還是需要一點協助的話，以下有幾個能幫你找到牠們的建議地點：

1. **廢話，當然是到野外去找。** 要是你沒有立刻看到鳥兒飛過，也可以在樹梢、灌叢、地上、水面找到牠們。如果你沒看到，那就用聽的，因為牠們經常發出一大堆噪音，破壞大自然的寧靜。大自然裡根本鳥滿為患。

2. **你的花園。** 如果你家外面有個小花園或種了幾棵樹，可以去那裡找看看——大部分的鳥都很蠢，搞不清楚你家庭園跟自然環境有什麼不同。

3. **城市。** 不是只有住在鄉間住宅才能看到小鳥喔。你可能會以為鳥兒只棲息在美麗的森林、漂亮的草地，或是郊區公園，但只要看看公共場所的長椅或戶外咖啡桌上那一團混亂，就能證明事實並非如此。不管你坐在哪裡，看看周圍就能找到鳥。

4. **其實整個世界都有啦。** 從北極到南極，熱帶到寒帶，沙漠裡，海岸邊，熱帶叢林內，凡是你想得到的地點都有，鳥類幾乎存在於這個星球上的各個環境中。別想擺脫牠們，你一點機會都沒有。

如何辨識鳥類

如果你已經知道怎麼認鳥，可以跳過這部分，完全沒問題。但話說回來，複習一下你是會少塊肉喔？不會吧？是說，你可能是某方面的鳥類學大大，厲害到不屑被一些好意的忠告打擾，是不是？隨便啦，很煩捏！

鳥部位

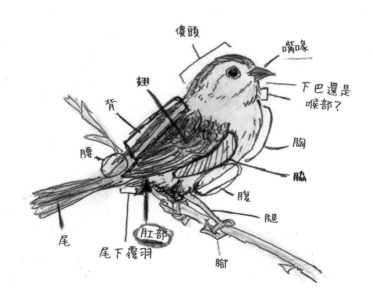

鳥類的各個部位

想正確辨識你正在看的那隻蠢鳥，首先就是要搞清楚鳥類的基本部位。麻雀之類的小鳥是個很好的例子，雖然牠們很無趣，但該有的基本「鳥樣」牠都有，相信我，鳥類身上的各個部位都大同小異。

頭：這個你自己大概就能看出來，它通常位於一隻鳥的最頂端。如果你想找鳥眼和嘴喙，看這個部位就對了，眼睛跟嘴喙都有助於辨識種類。

頭部羽色紋路的辨識重點位置包括頭頂、枕部（後腦勺）、眼圈、眼紋等，聽說還有眉毛。

嘴喙：沒有人知道嘴（bill）跟喙（beak）有什麼差別，但如果你想辨識一隻鳥，嘴喙的形狀和大小就很重要了。你一定要隨時注意這個部位，因為牠們只要一逮到機會，就會把你啄成瞎子。

下巴：這你可能很難在小鳥身上看到，因為多數鳥類都沒什麼下巴。英文說「weak-chinned」（沒什麼下巴），就是在講性格軟弱，缺乏完成目標的意志力。

喉：就在下巴和胸部之間。如果你還是後知後覺，我就大發慈悲告訴你吧，吵死人的難聽鳥叫聲就是從這裡發出來的。

頸：大多數鳥類都沒有頸子，至少你看不見，因為通常短到不行。不過許多水鳥的頸部都很長，對這群看起來像瘦竹竿一樣的小王八

蛋來說，頸子可能是搜尋辨識特徵的好地方。你這輩子絕對看不到哪隻鳥的脖子長度是正常的。

背：想賞鳥的話，最好是要熟知鳥的背部特徵，而且認識越多種鳥的特徵越好，因為多數鳥類都是故意來整你的，牠們會背對著你動也不動，如果你不會辨認鳥背，就沒辦法在你那煩死人的賞鳥清單上打勾做紀錄。

胸：要煮到不乾不柴需要費點功夫。

腹：這是從胸部延伸到尾下的區域，你也可以稱之為肚子，但這個部位其實不值得各位太認真。

脇：這是鳥類學家對鳥類身體側面的稱呼。真是一堆北七學究，「脇」（flanks）？叫「體側」（sides）不就得了？

翅：講真的，這不用我多做解釋吧？就是讓鳥之所以為鳥的那個部位呀。

腰：在背部和尾巴之間的那一區。基本上，這個部位就是下背部。多數鳥兒的腰部並不明顯，但有些鳥的腰確實具備有助於辨識的特殊羽色，如果你不知道哪根筋不對，無法從那隻鳥的其他部位認出牠的話。

尾：這就是從鳥的背後凸出來的那個部位。尾部是辨識重點，因為尾巴的形狀、長度和顏色可說千變萬化，就連尾巴擺出什麼姿態，也可以對細心的觀察者透露出很多關於那隻鳥的訊息。我總是這麼說：「尾巴翹上天，自以為屌炸天！」

肛部：也叫做「泄殖腔」，但不要被這乍看很炫的解剖學術語給唬弄了，其實那就是屁眼。小鳥無論何時都是想拉就拉，在你車子上方也是。

純發「泄」：你知道鳥類的泄殖腔除了排泄，也用來下蛋嗎？真的很噁。

尾下覆羽：真是越來越無聊了。這是指尾巴下方的一堆短羽毛，這些羽毛有時會有一些特殊羽色或紋路，能幫助辨識。但說實話，誰會看到那裡去？

腿：長度、顏色甚至粗細，都能幫我們辨識不同鳥種。如果你想逗自己開心，可以在腦中想像一隻腿很粗的鳥。

腳：這是鳥類懶得飛時，用來行走的部位。

關於鳥腳：多數鳥類的腳掌和腿是同一種顏色，但不是全都如此！所以如果你遠遠看到一隻鳥，覺得她好像穿著鞋子，拜託你閉嘴恬恬別說話，不然會有一大票鳥類學家等著要讓你難堪一輩子。

體型

體型大小這種屬性，對於辨識鳥種也很有幫助，尤其當你無法在野外看清楚鳥的羽色紋路特徵時，體型更是大有用處。在判斷一隻鳥的大小時，你會發現這招還不錯用：把大小接近而且你較熟悉的東西拿來跟鳥相比。比方說，這隻鳥是跟橘子一樣大，還是跟你捏爆橘子時的拳頭一樣大？

外型

那隻鳥是身材嬌小外加一雙浩呆長腳，還是個腦滿腸肥大頭呆？儘管每隻鳥都是獨一無二，但牠們都屬於六種主要鳥類外型的其中一種。

六種主要鳥類外型

基本型

臃腫型

滿肚子大便型

水上漂型

怪咖型

嗜殺型

第二章

就是這些鳥！

本書要介紹的小鳥，全寫在這一章。

要是你對幾本主要的鳥類圖鑑都很熟的話，一定知道把鳥分群介紹的方式有好幾種。最傳統的圖鑑會嚴格按照分類學的順序編排，如果你本身保守到不行，或根本就是鳥類學家的話，肯定會覺得這種方式棒透了。

其他圖鑑的編排順序沒那麼嚴格，作者會根據比如「科」和「種」的相似性來處理。如果你想更馬虎一點，甚至也有圖鑑是按照外表特徵來編排的，例如鳥的外型或喙的大小等等。要是想在野外快速辨識鳥類，最後一種方法可能非常有用，但相信我，有些學者光是想到這樣就會嘟起嘴氣噗噗。

上述方法都各有優點，但為了更進一步了解鳥類的本性，這本筆記會依據小鳥內心深處的本性來分類編排。

Typical Birds
典型的鳥仔

其實你本來就知道這一類鳥，就是那些沒什麼爆點的傢伙，像是雀啊鶯啊什麼的，整天都在幹些標準的鳥事，比如唧唧喳喳、飛來飛去，還有從餵食器裡叼走種子但不會說「謝謝」之類的。牠們通常沒啥禮貌，而且大多數都腦袋少根筋。

非洲糗木偶

學名：*Anthus crenatus*
俗名：南非石鷚（African Rock Pipit）

非洲有超多有趣且豔麗的鳥兒，但不包括這種鳥。南非石鷚是種短腿的小型鳴禽，大半時間都待在地上。人們說牠的羽色是「一身樸素」，坦白講，這種描述也太仁慈了吧，牠全身上下只有沉悶抑鬱的淺褐色啊！這大概就算是牠值得注意的特點了吧。這種鳥分布於南非，看起來像活像塊石頭。

分布：非洲

African
Suck
puppet

無聊山雀

學名：*Poecile hudsonicus*

俗名：棕頭山雀（Boreal Chickadee）

這種頭頂棕色的山雀科鳥類長得灰褐灰褐，毫不起眼，安靜地住在北美大陸遙遠的北方森林中。牠們不遷徙，所以除非你倒了八輩子楣跑去阿拉斯加或加拿大，不然你應該不會看到這種鳥。但就算你去了，大概也不太會注意到牠們。在其分布範圍內，棕頭山雀經常飛到後院的餵食器喜孜孜找吃的，但我真的不知道有什麼強烈理由要去看這種無聊的小鳥。

冷知識：加拿大人覺得這種山雀太悶了，所以為了增添趣味性，就幫牠們取了許多外號，比如小鳥鳥（chick-chick）、小屎蛋（tom-tit），甚至還用一個古早字彙管牠們叫「fillady」，意思是紐芬蘭的某種鳥。但效果是零！零啊！

分布：北美洲

boring

Chickadee

屁喉吵雀

學名：*Poephila cincta*

俗名：黑喉草雀（Black-throated Finch、Parson Finch）

根據《澳洲衛報》（*The Guardian Australia*）的報導，這種鳥是2019澳洲最受喜愛鳥類票選的年度冠軍。然而，牠們並不是因為好棒棒而奪冠，而是因為極度瀕危，所以得到保育團體的強力催票，近來這些保育團體正努力避免牠們因為人類侵害棲息地而滅絕。這有點像你在高中畢業舞會上被選為舞會女王，只是因為每個人對於過去幾年來每天都虧待你而感到很內疚罷了。儘管如此，牠們好像還是開心的不得了，實在傻得可以。

分布：大洋洲

butt-throat
Finch

懶叫口哨

學名：*Spiza americana*
俗名：美洲雀（Dickcissel）

美洲雀廣泛分布於美國東部和中西部，分類學家常對牠們感到火大又厭煩，因為多年來都搞不定牠們到底是屬於雀鵐（New World sparrow）還是黑鸝（blackbird）或擬鸝（oriole），但目前是把牠們放在紅雀科（Cardinalidae）裡頭。也許往後就會以這樣的分類來結案，但相信我，沒有人在那邊屏息等待最終答案是什麼好嗎？牠們會不斷重複大聲唱著讓人臉上三條線的「DICK！DICK—DICK—DICK，WHISTLE！」（懶叫！懶叫懶叫懶叫，吹口哨！）

辨識特徵： 牠們的眼睛和胸前沾染著垃圾車的黃色調，還有一個黑色圍兜，看起來像脖子上長了鬍鬚，噁。

分布：北美洲

Dick-Whistle

耍呆羅賓

學名：*Erithacus rubecula*

俗名：歐亞鴝（Robin、European Robin）

在歐洲多數地區，牠們只是一種鶲科（Muscicapidae）鳥類罷了，沒什麼大不了的，但在英國，這種臉色橘紅的傻逼卻在人們心中占有特殊地位，英國人甚至在2015年選牠當了國鳥。你問我為什麼？誰知道啊，顯然是嗨過頭了吧。三更半夜，這些小王八蛋會像白痴一樣充滿感情地引吭高歌。又問為什麼？因為牠們看到路燈亮亮就以為是白天，因為牠們很笨啊！

分布：歐洲

dumb-ass

European robin

暗摸摸

學名：*Prunella modularis*

俗名：林岩鷚（Dunnock、Hedge Accentor、Hedge Sparrow、Hedge Warbler……隨便啦）

「Dunnock」這名字來自英文的「dun」，意思是「暗淡的褐色」。這些邊緣鳥確實乏味到一個極致，說真的，與其去看這些暗摸摸的鳥，還不如去看老人家打十八洞高爾夫。有些科學家相信，牠們這身平淡無奇是演化出來的保護色。這樣的演化適應或許有助於林岩鷚避免被天敵發現，但牠們卻老是沒完沒了地叫叫叫，恐怕事與願違。這種鳥響亮的「TSEEEEP」和尖銳的顫音，讓你不想注意也很難。

分布：歐洲

歐亞屁屁雀

學名：*Pyrrhula pyrrhula*

俗名：歐亞鷽、紅腹灰雀（Eurasian Bullfinch、Common Bullfinch、Bullfinch）

這種分布橫跨亞洲和歐洲的灰雀常被人描述為「大頭」，但以那肥胖的身軀而言，牠們的頭算是很小啦。這種小鳥相對來說算安靜，但還是被農民視為眼中釘、肉中刺，因為，這群貪吃的小王八蛋超愛果樹的花苞，在果子還沒長好之前，就能嗑掉一大片果園。當然，一旦把果樹的花苞吃光，牠們也很樂意吃掉你的水果、莓果和其他所有沒帶走的種子，真的是一群無賴。

分布：亞洲和歐洲

Eurasian
Bullfinch

囂掰鷦鷯

學名：*Thryothorus ludovicianus*
俗名：卡羅萊納鷦鷯（Carolina Wren）

如果你身處美國東部，只要在隨便哪個慵懶的夏日閉上眼睛，聽個一、兩分鐘，應該就會聽到卡羅萊納鷦鷯公鳥刺耳又靠北的叫聲，因為在牠們分布範圍內的每片破林子裡基本上都能找到這種鳥。「TEAKETTLE！TEAKETTLE！」（茶壺！茶壺！）你一定可以看出牠們自負的德性，這些小不隆咚的傢伙高舉嘴喙、翹起尾巴，以為自己與眾不同，完全是目中無人的蠢貨。

辨識特徵：褐色羽毛配上白眉，外加目空一切的神情。

分布：美國以及加拿大
和墨西哥的部分地區

fucking
Carolina Wren

大奶子

學名：*Parus major*
俗名：大山雀（Great Tit，真的，沒在唬爛）

評評理，怎麼會有人給鳥取這種名字？真的很靠北。對賞鳥初學者來說，這名字不僅像是明目張膽的不實廣告，而且每次在文章裡寫到這種鳥時，就超容易讓前後文看起來都像是下流的雙關語。還有啊，如果你在公園裡拿著望遠鏡四處張望，當別人問你在看什麼時，可不能老實回答，因為如果你脫口而出「some great tits」（一堆超棒的大奶子），那你就跳到黃河也洗不清了。到底是哪個北七給這該死的鳥取這種名字的，還真謝謝你喔。

呃，辨識特徵？這麼說吧，這隻小鳥的身體黃黃的，臉頰發白，然後頭戴黑帽，還圍著黑兜兜。我們可以繼續看下一隻了，好嗎？

分布：歐洲

Great Tit

綠貓妖

學名：*Ailuroedus crassirostris*
俗名：綠貓鳥（Green Catbird）

這種鳥的洪亮叫聲常被說很像貓叫，不過牠們的叫聲變化很大，有時會被誤認為是小孩在哭，或是吸血鬼之類的恐怖生物發出的可怕尖叫聲。當然啦，貓、嬰兒和邪靈的聲音差得可遠了，但我相信大家都同意，沒有人願意在清晨被這些聲音嚇醒，所以我說貓鳥，拜託你閉嘴。

羽色：綠到靠北。

分布：大洋洲（澳大利亞）

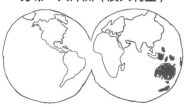

green
cat Turd

黑白電臀

學名：*Motacilla alba yarrellii*

俗名：英倫鶺鴒（Pied Wagtail）

這小型鳴禽其實是白鶺鴒（*Motacilla alba*）的一個亞種，基本上只在英國和愛爾蘭繁殖，牠們常在都市地區集體築巢，棲息的數量可達數千隻。這種鳥最出名的特徵是會用力上下搖尾巴，乍看之下，活像是笨拙地想把剛放的尷尬臭屁給搧掉一樣。然而搖個不停似乎更可能反映出嚴重的神經痙攣，再加上快步行走、不規則的移動和整體看來有點過動的調調，我敢說，這種鳥肯定有什麼毛病。

分布：歐洲

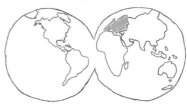

Pied

Wanktail

紅胸翹臀仔

學名：*Sitta canadensis*
俗名：紅胸鳾（Red-breasted Nuthatch）

這種小鳥是頭殼有問題的討厭鬼，真的，沒在開玩笑，牠們根本是整組壞掉。牠們會在針葉樹上發神經跑來跑去找東西吃，前一秒在樹皮縫隙進進出出，下一秒就跑到樹枝這頭，然後又衝到那頭……那種在樹幹和松果上快速移動的方式，好像上下左右對牠們來說都沒啥區別，光這點就夠你抓狂了，更別提那機掰的鼻音叫聲：「YANK，YANK，YANK！」（美國佬，美國佬，美國佬！）真是夠了。

外觀：很小隻，真的很小。背面藍灰色，腹面鏽紅色，頭部有黑有白。你要是問我對牠有啥意見，我只能說牠的尾巴相較於身體來講，實在太短了。

分布：北美洲

red breasted
butt-hunch

摳摳爬樹怪

學名：*Certhia brachydactyla*
俗名：短趾旋木雀（Short-toed Treecreeper）

短趾旋木雀有四個亞種，但這不重要，因為牠們都是身上有縱斑的棕色傢伙，看起來跟世界上其他的旋木雀沒啥兩樣。這些爬樹怪有著彎曲的嘴喙和僵硬的尾巴，而且都喜歡沿著樹幹往上爬，然後狂戳樹皮下的蟲子。你以為牠們惱人又重複的鳴叫聲「TEET！TEET！TEET！」（奶頭！奶頭！奶頭！）已經夠糟了嗎？等你聽到牠們尖銳刺耳的「鳴唱聲」你才會想哭，那一連串快速混雜的花腔高音可以把你搞到崩潰，尤其是當你想在林子裡悠閒散步的時候。

分布：差不多就歐洲啦

Shit-toed
Tree Creep

小笨仙鷦鷯

學名：*Malurus cyaneus*
俗名：壯麗細尾鷯鶯（Superb Fairywren）

牠們的英文名直譯是「極品仙女鷦鷯」，但你不要被唬了——牠們既不是真正的鷦鷯，也沒那麼超凡出色。這種鳥屬於細尾鷯鶯科（Maluridae），是澳大利亞東南部常見的小型鳴禽。牠們常常飛來飛去吃昆蟲，你不得不承認這對許多鳥來說還算滿正常的。我想到一件事挺有意思，就是公鳥的頭頂跟臉頰是天藍色的，剛好跟1980年代熱門電視影集《邁阿密風雲》（*Miami Vice*）第二季裡主角唐·強生（Don Johnson）穿的亞曼尼外套同樣顏色。靠，我超愛那個影集，除了片頭畫面中出現的那堆鳥之外。

分布：大洋洲

尾巴翹上天，
自以為屌炸天！

Stupid
Fairywren

黃屁屁漱口呆

學名：*Setophaga coronata*
俗名：黃腰林鶯（Yellow-rumped Warbler）

如果你在北美，隨便去哪個郊區人家的後院或是中海拔的針葉林，都有可能會雄雄看到這種黃黃棕棕的小王八蛋停在某個地方。嚴格說來，牠們是四種不同的小王八蛋——在1970年代初期，美國鳥類學會決定把黃腰白喉林鶯（Myrtle Warbler）、黑額林鶯（Black-fronted Warbler，西墨西哥）、高曼林鶯（Goldman's Warbler，瓜地馬拉）、奧杜邦林鶯（Audubon's Warbler）這四種鳥合併成一種。可以想見，鳥類學家們現在又在爭論要不要重新分成四種。不管是一種鳥還是四種鳥，有一件事絕對可以確定：隨便啦，誰管你們怎麼搞。

分布：幾乎整個北美（靠夭）
到處都是

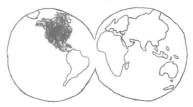

Yellow-butt
Gargler

Backyard Assholes

後院的小混蛋

這些「顧人怨」的傢伙在人口稠密區很常見，牠們可能會出現在你家窗外，跟一堆狐群狗黨一起嘲弄你。這些小混蛋往往狂妄自大到一個不行。

加州很秋呀

學名：*Aphelocoma californica*
俗名：加州灌叢鴉（California Scrub Jay）

由於氣候變遷的關係，這種不知道在秋三小的混混，就從加州沿著
美國西岸一路把分布範圍擴張到華盛頓州，現在還經常用那該死的
嘹亮刺耳叫聲來擾亂我家後院的寧靜。牠們曾被叫做「西灌叢鴉」
（Western Scrub Jay），但有些科學家吃飽太閒，所以決定將其分為
兩種不同的鳥：靠海的「加州灌叢鴉」以及靠內陸的「伍德豪斯灌
叢鴉」（Woodhouse's Scrub Jay）。但這兩種一樣都是自以為是的壞
胚子。

分布：北美洲西岸地帶
還有作者家裡的樹上

California
Smug
Jerk

高調紅衣雀

學名：*Cardinalis cardinalis*

俗名：紅嘴紅雀（Northern Cardinal、Cardinal）

這恬不知恥的鮮紅小鳥，整天穿著醒目的紅色羽衣像個大咖一樣招搖過市，從墨西哥一直到美加東部的安靜後院，全被牠們的高亢叫聲給吵翻了。公鳥會藉由鳴唱或攻擊其他闖入的公鳥，來積極捍衛自己的繁殖地盤，有時甚至會攻擊自己的倒影。就跟許多外表長得好看的鳥一樣，牠們不但愚蠢，而且膚淺又沒自信，所以會猛烈攻擊任何牠們覺得可能比自己更有吸引力的對象。

分布：北美洲

喜鵲壞壞

學名：*Pica pica*

俗名：歐亞喜鵲（Magpie、European Magpie）

喜鵲是出了名的宵小之徒。鄉野奇談都說牠們會被閃亮的物體所吸引，因此喜歡偷錢幣和珠寶，但英國的大學研究顯示，這種說法只對了一半。事實是，喜鵲根本什麼都偷，各種物品都會摸走，不管有沒有光澤都照偷不誤。更糟糕的是，這些混蛋竊賊還經常從其他鳴禽巢中偷走鳥蛋，甚至是孱弱無助的雛鳥。或許牠們不是特別喜歡貴重物品，但我還是建議要看緊你的車鑰匙。

外觀：黑白相間，外加一雙看起來一肚子壞水的賊眼睛。

分布：歐洲

絕對是偷來的

goddamned
Magpie

惡棍烏鴉

學名：*Corvus cornix*

俗名：黑頭鴉（Hooded Crow、Scotch Crow、Danish Crow）有時也叫「帽T」（Hoodie）。

黑頭鴉跟小嘴烏鴉（Carrion Crow）的親緣關係非常接近，而且在歐洲大部分地區都有分布。在凱爾特人的民間傳說中，烏鴉跟掌管戰爭和命運的冥后摩莉甘（Morrigan）有關，她會激勵勇士在戰鬥中立下豐功偉業。但要是你看到這些不法之徒在垃圾袋裡翻來翻去找東西吃時，會覺得那畫面根本是個「就可」。事實上，黑頭鴉是那種會偷其他鳥類的蛋，並在你家屋頂排水管裡儲藏肉屑的反社會者。

叫聲：沒完沒了的「呱呱」叫，其實更像是尖叫，牠們這樣做只是為了要讓你覺得自己瘋了。

分布：歐洲

Hoodlum
Crow

紅屁眼鳥

學名：*Anthochaera carunculata*
俗名：紅垂蜜鳥（Red Wattlebird）

這些吸蜜鳥科（Meliphagidae）的成員真是討人厭的屁蛋，個頭大，又吵雜，最讓人頭痛的是，牠們的領域性跟攻擊性都很強。紅垂蜜鳥會做出一種稱為「取而代之」（displacement）的展示行為，藉此秀出自己的優勢：如果一隻較小的鳥離開停棲的地方，牠們就會立刻占據那個位置。要是看到比較小的鳥，牠們就會飛去騷擾甚至揍人家，但要是遇到比自己大隻的，就會成群過去以多欺少。這種鳥就像一幫不良少年，表面上行事強硬，內心深處卻很「俗辣」。

辨識特徵：這種垂蜜鳥的臉上掛著像小蛋蛋一樣的肉垂，所以很容易分辨。掛著小蛋蛋也只是剛好而已啦，因為牠們就是這種遜咖。

分布：大洋洲

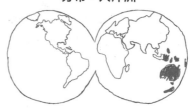

Red
buttholebird

點點嗑很 嗨

學名：*Nucifraga caryocatactes*

俗名：星鴉（Spotted Nutcracker、Eurasian Nutcracker、Nutcracker）

這種混蛋的體型比松鴉大一點，而且喜歡弄破堅果，所以英文名直譯是「堅果鉗」，這個望文生義就能了解的名字，應該不會讓人感到意外吧。牠們的身體主要是咖啡色配上密集的白斑，外加帶有光澤、近乎藍黑色翅膀，整個就很吸睛，甚至要說是帥氣也可以。但就像大多數鴉科成員一樣，牠們也是不知道在秋三小，看了就倒彈。秋季時，牠們會把一大堆堅果和種子埋在儲藏處，以便度過整個冬天。我知道，沒人在乎這件事，但要注意啊，如果牠們覺得你好像想偷拿那些藏好好的北七堅果，牠們就會跟你沒完沒了。

分布：遍及歐洲和亞洲
就像起疹子

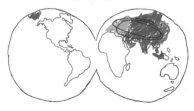

Spotty
Nut-huffer

土炮嚼嚼嚼

學名：*Podargus strigoides*
俗名：茶色蟆口鴟（Tawny Frogmouth）

這種鳥乍看或許像隻貓頭鷹，不過相信我，這坨像便便一樣的玩意兒絕對不是猛禽，牠們雖然也是肉食性，但其實是種蟆口鴟（又叫蛙嘴夜鷹）跟夜鷹是親戚。這種鳥的爪子跟腳都弱爆了，所以只能用嘴喙捕捉獵物——主要是昆蟲和蛞蝓，偶爾也可能會抓青蛙或行動遲緩的老鼠。牠們遍布澳大利亞的大部分地區，在多種棲地環境都能發現，包括郊區，牠們特愛在夜裡用叫不停的深沉咕嚕聲來擾人清夢。

冷知識：茶色蟆口鴟是暗夜獵手，但有時會在白天坐著，嘴巴張開開，希望蟲子自己飛進去。真他媽的有夠懶。

分布：大洋洲

樹皮的顏色

tawny
Fuckmunch

等著蟲子自己
飛進去

黃嘴牛逼

學名：*Buphagus africanus*

俗名：黃嘴牛椋鳥（Yellow-billed Oxpecker、Tickbird）

牠們遍布撒哈拉以南的非洲熱帶稀樹草原，會用鋒利的爪子緊緊巴在大型哺乳動物（比如牛羚或是牛隻）的背上，以蜱為食。我知道，超噁心，但更噁的是，在吃完吸飽血的蜱蟲後，這個可惡的吸血鬼（Nosferatu）* 還會繼續啄那些傷口並喝下宿主的血。黃嘴牛椋鳥平時夜裡會棲息在宿主身上，一旦要開始繁殖，就會從宿主動物的背上把毛扯下來，然後鋪在巢洞中當襯底。如果這一切還不足以讓你不寒而慄，再跟你說，牠們驚慌時會發出他媽的嘶嘶聲。不要再問了，這隻鳥還不夠可怕嗎？

辨識特徵：嘴喙黃色、前端紅色，對血液有著邪惡的慾望。

分布：非洲

---

* 編註：《穆瑙之吸血鬼》（*Nosferatu, eine Symphonie des Grauens*），為影史首部吸血鬼電影，1922年由德國表現主義大師穆瑙（F.W. Murnau）所執導。

不要問，很可怕

Yellow-bill
Ox-fucker

Hummingbirds, Weirdos, and Flycatchers

蜂鳥與怪胎

不管是個人形象還是內在個性，要這些鳥界呆子學會適當的社交禮儀簡直比登天還難。要不是牠們那麼古怪，你甚至還會替牠們感到有點悲哀。

非洲小矮子

學名：*Ispidina picta*
俗名：藍頂小翠鳥（African Pygmy Kingfisher）

哈哈，你自己看看這隻鳥。目前為止，這個色彩斑斕的小矮子可能是各種翠鳥裡頭相貌最浩呆的，光嘴喙就占了身體的大半，看起來像是有人把一隻真正的鳥剪成兩半一樣。然後，牠的尾巴幾乎看不到，真的，沒在豪洨。還有，你看那雙「腳交」，迷你到不行。要不是那可笑大紅嘴的重量可以把牠捽得頭下腳上，這種鳥肯定很難睡覺。反正這種鳥就是「歸組害了了」。

分布：非洲

African Pygmy
Kingfucker.

黑馬眼

學名：*Dicrurus macrocercus*
俗名：大卷尾（Black Drongo）

大卷尾是種亞洲的小型鳴禽，尾巴長得超蠢。牠們吃昆蟲，並且以其強烈的領域防衛性而聞名，甚至會俯衝攻擊牠們覺得有威脅性的大型鳥類。這種不良行為替大卷尾贏得了「王者烏鴉」的綽號，這對於各個地方的正牌烏鴉來說，肯定會覺得肚爛又尷尬。

分布：亞洲

Black
Donghole

糟糕糖鳥

學名：*Promerops cafer*
俗名：南非食蜜鳥（Cape Sugarbird）

我的天哪，這種鳥也太蠢了吧，牠們的尾巴差不多是身體的兩倍長耶，笑死。公鳥會飛來飛去，然後試著用那根荒謬的東西吸引母鳥，我只能說祝你好運啦！女孩們，如果尾巴長度是挑老公的唯一標準，那妳最終會交到什麼樣的配偶呢？食蜜鳥有著略往下彎的長長嘴喙，可以從花朵之類的東西吸出花蜜。牠們顯然對於南非開普地區海神花屬（*Protea*）植物的授粉極具貢獻，因為每當牠們把頭塞進花裡時，臉上就會沾到花粉。真是笨手笨腳的老粗，吃完東西應該要把嘴擦乾淨才是。

分布：非洲

Crap
Sugarbird

怕怕 骷髏鳥

學名：*Perissocephalus tricolor*
俗名：斗篷傘鳥（Capuchinbird、Calfbird）

這種看起來超怪的狠角色分布於南美洲東北部的熱帶雨林，有時也被稱為「小牛鳥」，因為有人覺得牠們的叫聲很像牛在哞哞叫。最好是啦，幹，這種令人毛骨悚然的鳥一旦叫起來，更像是憤怒的惡靈被困在跟你去叢林探險時失蹤的地圖繪製員體內，然後遠遠地帶著恨意咆哮警告：你們其他倖存的人也會一個接一個遭殃⋯⋯當夜幕來臨時你就知道了。

辨識特徵：身體的羽色黃褐，翅膀黑黑的，喔對了，還有一張有夠恐怖的骷髏臉。

分布：南美洲

creepy
Skull-Bird

萬聖節到了？

大屁呆

學名：*Otis tarda*
俗名：大鴇（Great Bustard）

這體積龐大的傻蛋是現存會飛的動物之中最重的，公鳥站著有九十公分高，體重可達十八公斤。牠們雖然會飛，但多數時間都待在地面四處走動，然後發出放屁般的呼嚕聲。牠們其實好像不願意飛行，我想我們得承認，這些「大箍呆」應該沒辦法飛上天才是。要是牠們想把那肥大的褐色身軀撐在空中，結果某邊翅膀氣力用盡，那在牠們下方的人們被壓到的話，就算沒死，應該也只剩半條命。

冷知識：英國本來也有這種鳥，但在1832年時卻被英國佬射殺到滅絕。牠們最近被重新引入英國的軍事訓練基地，大概是要拿來當做活靶練槍吧。

分布：亞洲和中歐

Great
Butt-tard

大便便

學名：*Nyctibius grandis*
俗名：大林鴟（Great Potoo）

大林鴟晚上出沒，獵食大型昆蟲和小型脊椎動物，牠們是夜鷹目
（Caprimulgiformes，包括夜鷹跟其他相關鳥類）體型最大的成員。
如果你曾看過這種鳥，那你肯定不會覺得奇怪，因為牠們就像夜鷹
目裡的所有其他怪咖成員一樣，當你看著牠們外凸的眼睛和張開
的大嘴時，整個人都會不舒服起來。此外，想當然爾，這種「偉大
的」林鴟是夜行性的，也就是說，這懶鬼會睡整天，直到太陽下山
才開始活動。這件事對於任何想在南美洲睡上一覺的人來說都是壞
消息，因為這種又大又醜的鳥會坐在樹上，整晚不斷發出吵死人的
靠北噪音。

分布：南美洲

Great
Poo-poo

笑屁笑翠鳥

學名：*Dacelo novaeguineae*
俗名：普通笑翠鳥（Laughing Kookaburra）

這種四十五公分長、重達半公斤的大塊頭，是所有翠鳥中最大隻的。你可能想説，人們應該要把牠命名為「超爆大翠鳥」什麼的，但牠另一種特徵讓巨大的體型整個黯然失色：響亮又惱人的咯咯叫聲。這種鳥原產於澳大利亞，但也被引入紐西蘭和塔斯馬尼亞，你可以在尤加利樹林和都市公園中發現牠們，牠們會不停發出讓你精神錯亂的狂笑聲，想把所有人都煩死。

分布：大洋洲

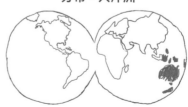

魯蛇潐賽

學名：*Rhea pennata*，曾命名為 *Rhea darwinii*
俗名：小美洲鴕（Lesser Rhea、Darwin's Rhea）

達爾文在小獵犬號執行第二次任務時一起跟著出航，在這段期間他看到了大美洲鴕（*Rhea americana*），但這種鳥早在1750年代就被發表了，因此他很渴望找到能以自己名字來命名的新玩意兒。1833年7月，他聽南美洲的牛仔說，在巴塔哥尼亞北部有一種美洲鴕，非常稀有，體型也比較小，於是這位年輕博物學家便開始不斷尋找，希望得到標本，但遲遲沒找到。直到1834年1月，探險隊中的畫家射殺了一隻小一號的美洲鴕，一行人開開心心把這隻鳥煮來吃，就在鳥快被吃個精光前，達爾文忽然發現那就是他遍尋不著的小美洲鴕。幹得好啊！達爾文。

不管怎樣，這種鳥站起來大約有三、四尺高，跟鴕鳥一樣不會飛，但有一雙長腿跟一顆小頭，看起來呆呆的。其實這種鳥跟鴕鳥像到不行，沒有什麼發現的價值啦！基本上，就一隻鳥來說，牠們實在「無三小路用」。

分布：南美洲

北方擦屁紙

學名：*Colinus virginianus*

俗名：北美齒鶉（Northern Bobwhite、Virginia Quail、Bobwhite Quail）

即便對鶴鶉之類的鳥來説，這種鳥也算真夠矮胖了。牠們原產於加拿大、美國東部和墨西哥，像啦機一樣住在地面，叫聲如同口哨般大聲喊著「BOB……WHITE！」，這聲音還真能在牠們覓食的半開放草地和灌木草甸中迴響。這也許可以解釋為什麼牠們曾被獵人打得那麼慘——當你連續聽這些鳥叫個好幾小時之後，不想射殺牠們都很難。

外觀：矮肥短。

分布：北美洲

Northern
Buttwipe

秘魯甩尾

學名：*Thaumastura cora*
俗名：鋏尾蜂鳥（Peruvian Sheartail）

哇，看看這隻鳥的尾巴！是的，只要看到那超長的尾羽，就能輕易分辨出這種蜂鳥科（Trochilidae）的小傢伙。但說到底，牠們就只是另一種蜂鳥，所有常見蜂鳥會做的事牠們也都會做，比如四處懸停，然後吸花蜜之類的。你都知道的啦！

注意：牠們快速而高亢的叫聲，聽起來像是一把超吵的小型機關槍不斷掃射。

分布：南美洲（安地斯山脈西麓秘魯、智利北部）

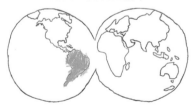

Peruvian
Shart-
tail

蘇格蘭機掰臉

學名：*Loxia scotica*
俗名：蘇格蘭交嘴雀（Scottish Crossbill）

英國鳥類學會在1980年認定這種鳥是英國特有種，只分布在蘇格蘭的喀里多尼亞森林（Caledonian Forest），但這樣的分類直到最近還是爭議不斷。在此之前，許多人認為牠們跟紅交嘴雀（Red Crossbill）是同一種，只不過跟蘇格蘭人一樣帶著讓人聽不懂的口音罷了。不管怎樣，誰在乎呢？重點是你看那張機掰臉，牠們就用那東西來撬開松果之類的玩意兒。幹。難怪牠們只能在自己小圈圈內情慾連結。

分布：顯然只有蘇格蘭

Scottish Fuck-face

南方黃嘴馬臉

學名：*Tockus leucomelas*

俗名：南方黃嘴犀鳥（Southern Yellow-billed Hornbill）

這種鳥長得醜不啦機，看起來像是過度興奮的屁孩用一袋隨機找來的鳥類零件拼湊出來的。我講真的，牠完全沒有優雅或勻稱的感覺。還有，「南方黃嘴犀鳥」？我猜這名字也是那個屁孩取的吧？

不管如何，這種小怪物有時會吃蛇，牠們會用可怕的大嘴把蛇抓起來，然後興高采烈地在地面上爆打猛甩，至死方休。從各個方面來說，這種鳥都很有事。

分布：非洲

Southern
yellow-bill
Horse-face

阿呆眼

學名：*Zosterops lateralis*
俗名：灰胸繡眼（Silvereye、Wax-eye、White-eye）

這種囉嗦的小鳴禽在西南太平洋的島嶼上很常見，牠們只有十公分左右，以這麼小的鳥來說，散發出的蠢味可真夠濃的。雖然牠們的體型小到可以輕鬆穿過鳥網，然後飛進果園吃水果，但還是會在地面上找蟲吃，順帶一提，大部分的貓也是住在地面。要是對一隻小鳥來說這還不夠蠢，跟你說，你還會常常看到雛鳥和爸媽一起待在地上！這也太扯了吧，這些小鳥到底是怎麼活下來的？

外觀： 明顯的白眼圈，讓牠看起來總是一副驚慌失措的樣子，好像剛剛才注意到有隻貓走過來一樣，不過對這小白痴來說，這種事也是真的有可能發生。

分布：大洋洲

Stupid-eyes

傻白甜

學名：*Garrulax leucolophus*
俗名：白冠噪鶥（White-crested Laughingthrush）

這種噪鶥科（Leiothrichidae）的鳥類身材粗壯結實，從喜馬拉雅山脈到東南亞的森林和山麓丘陵地帶都能發現。牠們學名中的屬名來自拉丁文的「*garrire*」，意思是「含糊不清地碎碎唸」。這名字真是精準耶，如果你曾聽過牠們像一群咖啡因攝取過多的北七，在那邊喋喋不休的話。

注意：身體褐色，純白的頭跟冠配上黑眼罩看起來相當醒目。超愛呼朋引伴串門子「喇賽」，這點實在讓人非常討厭。

分布：亞洲

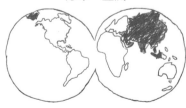

White Crusted
Loserthrush

Egoists and Show-offs

自私鬼跟愛炫狂

不管是靠著鮮豔多彩或是以其他方式引人注目，這些自負的白爛傢伙都是金玉其外，敗絮其中。牠們的眼裡只有自己，好像也很愛聽自己的叫聲。

靛藍屁尼克

學名：*Passerina cyanea*
俗名：靛藍彩鵐（Indigo Bunting）

公的靛藍彩鵐會從破曉一路鳴唱到黃昏，不斷熱情忘我地放聲高唱，像個完全不知道自己缺乏音樂天賦的傢伙。牠們的鳴唱聲在分布範圍內變化很大，但通常都是由明確、重複的高音音節所組成，聽起來像是「FIRE！FIRE！WHERE？WHERE？HERE，HERE。」（火！火！在哪？在哪？這裡，這裡。）這不免讓你有些懷疑牠們是否都想縱火燒房子。如果你在自家附近看到這些鳥，請密切注意牠們的行蹤。

羽色：來，放膽猜猜看？

分布：北美洲

紫胸討厭鬼

學名：*Coracias caudatus*

俗名：紫胸佛法僧（Lilac-breasted Roller）

這種鳥真是他媽的愛炫耀，真的。牠們總是大喇喇站在某棵大樹的樹頂上，深信每個人都想看好看滿地那五顏六色的靠北羽毛，和愚蠢的超長尾羽。然後，還有一些不必要的特技表演，比如高速俯衝和空中翻滾，就像在某種飛行表演的飛行員一樣，希望每個人都會鼓掌叫好。其實我完全不關心牠們在衝三小。

辨識特徵：花俏，大頭的小鳥。

分布：非洲

自我中心到不行

Lilac-
breasted
Tosser

饒嘴火雀

學名：*Lagonosticta senegala*
俗名：紅嘴火雀（Red-billed Firefinch、Senegal Firefinch）

這些群居性小型雀類的羽色相當紅豔動人，乍看之下令人充滿期待，但不要被唬了——這種鳥的行為基本上就跟一般小鳥沒有兩樣。牠們廣泛分布於撒哈拉以南的非洲，常出現在人類居住的地方，大概是因為可以吃免錢的，所以才被吸引而來吧。然後就像世界各地的雀類一樣，這種鳥也常聚集成小群，發出一堆噪音，跑到別人家的花園裡胡亂咬種子來吃。

羽色：公鳥大多為紅色；母鳥主要是棕色。公母鳥的眼睛都有一圈黃色，這讓牠們看起來很呆滯，即使對鳥來說也是如此。

分布：非洲

Red-bill
Firefuck

狂嘴桶空

學名：*Ramphastos toco*

俗名：橙嘴鵎鵼（Toco Toucan）

這種鳥的肥大嘴喙占了全長三分之一以上，全身表面積也有一半要算給這張大嘴，而以嘴跟身體的比例來看，這蠢蛋的嘴喙之大是世上鳥類之冠。這件事其實沒那麼狂，而且讓牠們看起來顯得荒謬可笑。牠們對飛行不太擅長，所以大半時間都只是笨拙地在樹枝間跳躍，以便摘水果吃。喔，牠們愛死水果了。橙嘴鵎鵼在交配展示時，會用牠們的誇張巨嘴將水果當成貢品塞給心上人，然後對方會再將水果推回去，牠們就在那邊推來推去、推來推去、推來又推去，直到其中一個妥協，然後生個幾顆蛋才能告一段落。

分布：南美洲

Tacky Poo-can

黃色尬聊鳥

學名：*Icteria virens*

俗名：黃胸巨鷗鶯（Yellow-breasted Chat）

這種討人厭的小混蛋永遠都是一副不正經的調調，牠們也許長得還不錯看，但個性其實是該死的小丑，就是那種一天到晚咯咯笑的鳥，或咕嚕咕嚕，或者發出各種嘰嘰歪歪叫。牠們很愛躲在樹叢裡學烏鴉或汽車喇叭聲，然後覺得爽歪歪。只要這種鳥一張開那張臭嘴，我敢説你馬上就會覺得牠們煩死了。

羽色：鮮黃還有其他什麼的，隨便啦。我痛恨這傢伙。

分布：北美洲

blah blah blah

Yellow bastard chat

Fuck these fuckers.
一些爛咖

大牌白目

學名：*Dendrocopus major*

俗名：大斑啄木（Great Spotted Woodpecker、Pied Woodpecker）

這種外表跟敘利亞啄木（Syrian Woodpecker）長得非常像的中型啄木鳥，分布橫跨……好了啦，基本上，這王八蛋也是一種羽色黑白相間，然後帶點紅色三小的啄木鳥啦。天啊，怎麼有人到這節骨眼還不覺得無聊到爆呢？哦，等等，牠們會製造出響亮的撞擊聲耶！哦，不，抱歉，這也和世界上其他各種啄木鳥一樣。媽的咧，換下一隻鳥啦。

分布：歐洲

Big
Shitty
Woodpecker

綠白目

學名：*Picus viridis*
俗名：歐洲綠啄木（Green Woodpecker）

這隻啄木鳥真的是綠色的，謝天謝地，因為我寫「黑白相間」已經寫到煩了。歐洲綠啄木有個鮮紅色的頭部和「鬍鬚」，還有個短尾巴。牠們比歐洲的其他大部分啄木鳥都大隻，因此必須把巢洞挖得特別大，才塞得下又大又蠢的身軀。牠們會發出響亮、尖銳的笑聲，但沒人覺得好笑，一般的啄木鳥可能都會替牠們感到尷尬不已。

辨識特徵：綠色；算是啄木鳥界的肥仔。幾公里外都能聽到牠們的愚蠢笑聲。

分布：歐洲

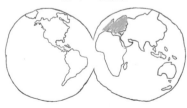

Green
Woodfucker

喜馬拉雅白目

學名：*Dendrocopos himalayensis*
俗名：喜馬拉雅啄木（Himalayan Woodpecker）

這種有黑有白的啄木鳥，在喜馬拉雅山區和印度次大陸的北部很常見，牠們跟世界上幾乎所有其他該死的啄木鳥互相替換也沒差吧。中等大小；黑白相間；公鳥頭頂是紅的；在樹幹上找蟲吃。實在是……這些我們早就知道了好嗎？

冷知識：國際自然保育聯盟（IUCN）已將喜馬拉雅啄木的保育狀態列為「低度關注」（least concern），因為完全沒人在乎。

分布：亞洲

Himalayan
Woodfucker

懶叫脖子

學名：*Jynx torquilla*
俗名：地啄木（Eurasian Wryneck）

這種小型鳥真是超級怪咖。牠們跟其他啄木鳥不同的一點在於牠們不啄木頭，但這並不是最怪的點。通常牠會昂首挺胸，嘴喙有點朝上，活像是個傲慢的王八蛋，你懂吧。然後呢，受到威脅時，這個怪咖會像一條喝醉的蛇一樣狂扭脖子！哇哩咧，搞屁啊？或許這是為了要嚇唬天敵吧，但這是有個屁用喔，因為多數情況下，牠看起來就跟一隻頸部嚴重痙攣的鳥沒兩樣。此外，牠有時會讓整個脖子變得垂軟無力，就像死了一樣讓腦袋那樣掛著。夠了喔。

分布：歐洲吧
可能亞洲也有啦

Wang-neck

蛇形扭脖舞

夠了喔!

Floaters, Sand Birds, and Dork-legs

水上漂、灘地鳥和傻腳丫

世界上有很多種雁鴨、水鳥、海鳥，這些白痴都喜歡在水域閒逛、製造噪音、犯傻，跟放暑假的青少年差不多。

非洲地精

學名：*Spheniscus demersus*
俗名：南非環企鵝、黑腳企鵝（African Penguin、Cape Penguin）

天哪，看看這個走路像鴨子一樣搖搖晃晃的傻逼。人們常把企鵝形容為穿著燕尾服的鳥（哈哈，多可愛啊！）但事實上，完全不是。牠們跟穿正式服裝的帥氣模樣八竿子打不著，這些糙爆的傢伙看起來更像是穿著租來的晚禮服但沒穿褲子。這種鳥本來有點機會看起來不那麼可笑，但那粉紅色的眉毛把一切希望都毀了。大多數企鵝只會去打擾莫名其妙的南極探險隊，但南非環企鵝卻是在南非海濱地帶一邊遊蕩，一邊發出吵死人的蠢叫聲。老天鵝！

分布：非洲

African Goblin

澳大利亞放屁鳥

學名：*Anhinga novaehollandiae*

俗名：澳洲蛇鵜（Australian Darter、Australasian Darter）

這白痴的羽毛會吸水，所以大半的時間都在水下漂流，只有那又長又蠢的脖子伸出水面。牠們會用長長尖尖的喙在水下叉魚吃耶，哇靠，「變成長矛」聽起來超威的，對吧？沒錯，照理說是很威，但事實上卻很愚蠢——要是你把整張臉塞進一條魚裡，那你到底是要怎麼吃咧？提示：這可不容易！首先，得先用各種高難度姿勢把魚甩出來，但又不能甩丟了，接著才可以張嘴接殺。相信我：人間凶器般的酷炫形象，基本上到這過程結束時，就已經崩壞了。

分布：大洋洲

Australian
FARter

澳大利亞垃圾鵬

學名：*Threskiornis molucca*
俗名：澳洲白鵬（Australian White Ibis）

科學家其實不確定到底澳洲佬是喜歡這種適應城市的鵬呢，或是排斥牠們。牠們曾經是2017澳洲最受喜愛鳥類票選的年度亞軍，只以些微之差敗給第一名的黑背鍾鵲（Australian Magpie）；另一方面，澳洲人管這些高高瘦瘦的笨鳥叫做「垃圾桶雞」或「垃圾火雞」，因為牠們會跑到垃圾車和垃圾桶裡狂吃一大堆令人作嘔的垃圾，然後在市區到處亂拉屎。

分布：澳大利亞
有垃圾吃的地方就有牠

垃圾堆

Australian
Shite Ibis

黑冠夜傻逼

學名：*Nycticorax nycticorax*
俗名：夜鷺（Black-crowned Night-heron）

夜鷺是種中型的鷺科鳥類，在北美的溼地挺常見的。跟多數真正的鷺鷥相比，這種短脖子的白痴像是一直在深蹲一樣，而對於涉禽來說，牠們的腿實在短到一個尷尬，因此只能站在水邊等著伏擊小魚、青蛙和水生昆蟲。這可能就是為什麼牠們要在夜間活動、喜歡待在黑暗中覓食，因為這樣比較不會被其他鳥類看到，以免身材遭到嘲笑。

辨識特徵：充滿喜感的矮肥短；可能會散發濃濃魚腥味。

分布：北美洲*

---

* 譯註：其實夜鷺遍布歐亞非及南北美。

Black-Crown
Night Moron

枯燥乏味鶴

學名：*Grus paradisea*
俗名：藍鶴（Blue Crane）

這種淺藍色的鶴被國際自然保育聯盟列為「易危」（vulnerable）。
你不用對這件事感到大驚小怪，因為，對於任何一種會把球一般的
胖頭放在一根細脖子上的鳥來說，本來就是動一下就會有折斷自己
脊椎的風險。

很顯然，這些長腿鳥並沒有收到「適合涉水備忘錄」，因為牠們大
半時間都在乾燥的草地上用細長的竹竿腿四處走動、啄食莎草。從
藍鶴平常的姿勢和下垂的尾羽可看出，這種鳥的性格軟弱，而且可
能沒什麼自尊心。

分布：非洲

Blah Crane

披風呆瓜

學名：*Anas capensis*
俗名：綠翅灰斑鴨（Cape Teal）

這種不大不小的浮水鴨不但長得超蠢，灰撲撲的羽色更是無聊到不行。牠們有淺粉紅的嘴巴跟亮綠色的翼鏡，看起來確實是有點不大情願地打扮了一番，但這種顏色組合很讓人倒彈，即便是隻鴨子也一樣，真的會讓你質疑牠們的審美標準。這種鴨子通常挺安靜的，這是件好事，因為牠們一旦叫起來，母鴨會發出悲傷的微弱嘎嘎聲，而公鴨則會發出尖銳高音的哨聲。

冷知識：牠們真的會讓人感到壓抑沮喪。

分布：非洲

Caped tool

髒兮兮麻鴨

學名：*Tadorna ferruginea*

俗名：潰臬、赤麻鴨（Ruddy Shelduck）

這種雁鴨科鳥類的分布範圍很廣，繁殖區遍布中國、中亞和東南歐，度冬區則在印度等地。牠們的特色是引人注目的橘褐色身軀和深黑色尾羽，但基本上，也只是另一種令人討厭的鴨子罷了。這種鳥通常成對或小群出現，很少形成大群——可能因為牠們響亮又夾雜氣音的雁鳴聲，和反覆持續的咕咕聲是用一種奇怪的鴨式假音叫出來的，這些叫聲實在讓人受不了，連牠們自己也不行。

辨識特徵：羽色深橘褐，看起來很冷漠。

分布：全亞洲

Cruddy
Sheldork

嚇死人尖叫鳥

學名：*Anhima cornuta*
俗名：角叫鴨（Horned Screamer）

這種體型像鵝的鳥，跟雁鴨的親緣關係很接近，但牠們的喙像雞一樣，而且頭上長著一根堅硬的尖刺，所以看起來特別有表現力。這種鳥的叫聲也可能是全世界最響的，牠們光靠這點就能在全球最機掰鳥類排行榜上名列前茅。叫鴨其實不只這一種，但角叫鴨憑藉著牠那爆大聲的「SHRIEK—HONKK！！」榮登叫鴨王寶座，那鳴叫聲三公里外就能聽到了。牠們的游泳跟飛行能力都不錯，但不遷徙，而且很愛邊亂跑、邊從牠們那張愚蠢的雞臉發出尖叫聲。每個人都希望牠們閉嘴。

分布：南美洲

Goddamed
Screamer

矮油鸕鷀

學名：*Phalacrocorax carbo*
俗名：普通鸕鷀（Great Cormorant、Great Black Cormorant）

這種大型的黑色海鳥可以在海洋、河口甚至淡水河川中覓食——基本上只要有魚可以塞住牠又長又蠢的脖子，什麼地方牠都能待。牠們在紐西蘭有時也被稱為「black shag」，我查了一下，以當地的用法來看，「shagging」絕對是指「幹炮」。我不是說紐西蘭人喜歡幹鳥，我只是說出這件事讓你去旁邊思考一下……

辨識特徵：羽色黑，嘴喙黃。醜醜的，沒什麼吸引力，只有其他鸕鷀跟某些紐西蘭人對牠有興趣。

分布：大洋洲*

* 譯註：非洲、歐洲、亞洲也有分布，包括臺灣。

gross
Cormorant

小遺憾

學名：*Egretta garzetta*
俗名：小白鷺（Little Egret）

這種小型白鷺的繁殖範圍，包括南亞的大部分以及非洲和中東的某些地區，牠們甚至從1980年代末開始出現在英國，所以這種瘦小、吃魚維生的鳥類可能在你認識牠之前，就會到處都是了。好吧，起碼牠們挺搞笑的，要是哪天被你遇到——牠們身材苗條優雅，有著細細的黑色嘴喙，純白的羽衣，黝黑長腿，還有還有，看啊！那雙黃色大腳。說真的，牠們看起來就像穿著超大號的黃色鞋子。

注意：再說一次，雖然牠們看起來像是穿鞋，但其實沒有。千萬不要在「認真嚴肅」的鳥人面前犯這個錯誤，不然你就有機會見識到他們的冷酷無情。

分布：亞洲和很多其他地方也有

Little
Regret

不是鞋子

魯蛇黃腿

學名：*Tringa flavipes*
俗名：小黃腳鷸（Lesser Yellowlegs）

這種中型水鳥又是另一種愚蠢的鷸，牠們腿很長，而且剛好是黃色的，這你有猜到吧？雖然牠們看起來跟大黃腳鷸（Greater Yellowlegs）非常相似，但兩者的親緣關係沒那麼接近。事實上，小黃腳鷸的近親是死板無趣的斑翅鷸（Willet）。除此之外，這種鳥真的是沒什麼可說的，勉強要講的話，就是牠們的羽色是淺褐配棕色：自然界中最無聊的配色。

冷知識：這隻鳥沒什麼趣事可言，不過就是隻小一點的鷸。

分布：救人啊！整個北美洲都有

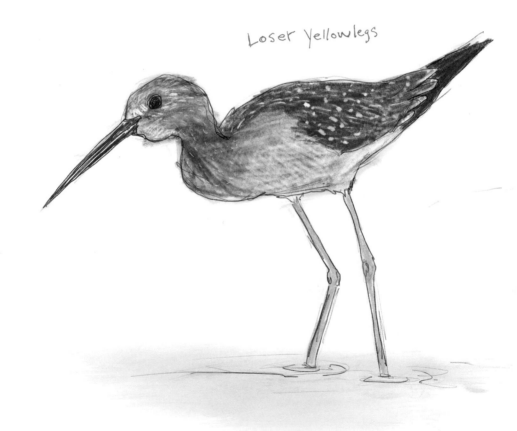

Loser Yellowlegs

Murder Birds

嗜殺佬

這類鳥專為殺戮而生，就是喜歡這一味。牠們很好認：有著鋒利的
爪子可緊抓獵物，還有鉤狀的嘴喙可撕裂皮肉。這些鳥缺乏同情心
或反省力，而且對於謀殺可說是樂在其中。

普通混蛋

學名：*Buteo buteo*

俗名：普通鵟（Buzzard、Common Buzzard、Eurasian Buzzard）

在美國，這些中大型的鷹科成員是叫「hawk」，但世界其他地方則是堅持稱作「buzzard」。跟所有猛禽一樣，牠們的鉤狀喙和鋒利爪是幹掉小動物的最佳利器。雖然普通鵟主要捕食囓齒動物，但有時也會吃死屍，我猜是因為當一隻全職猛禽實在太費力了。有時候，牠們還真的會去抓其他鳥類——這聽起來險象環生，但大多數的小鳥完全可以智取這些傻蛋，所以牠們通常只能半途而廢，改去抓沒有親鳥保護的雛鳥。

冷知識：人們經常看到牠們像是要狩獵般在空中盤旋，但其實那只是在放空發懶而已。

分布：歐洲（尤其是英國）

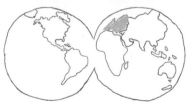

Common
Bastard

紅尾法克

學名：*Buteo jamaicensis*

俗名：紅尾鵟（Red-tailed Hawk）

看看這自以為是的王八蛋，你看得出來牠覺得自己很威很猛吧？千萬不要被唬了，因為牠常被烏鴉等比牠還小的鳥兒追趕。紅尾鵟在北美洲幾乎到處都有，甚至紐約這樣的大都市也有，這可能就是牠如此機車的原因。有時牠們會幹掉鴿子，這算是有加分啦，但基本上牠們只是另一種自視甚高、外帶利爪的混蛋。

分布：北美各地

第三章

鳥史

根據你對鳥類的定義，打從侏羅紀晚期出現始祖鳥以來，鳥類就已經存在了。此後，在大約一億四千五百萬年的時間裡，早在人類還沒出現之前，牠們就一直緩慢地演化著。

最早的人屬動物*差不多在兩百五十萬年前首次出現在非洲，之後又花了大概五十萬年的時間擴散到歐亞大陸各地。我們對這些早期人類知之甚少，更別說他們在史前時代跟鳥類是怎麼互動的，這我們就更加不了解了。但可以推測的是，差不多就在這個時期，原始人類還在發展中的大腦就開始受到鳥類的嚴重刺激。

有個早已被遺忘的巧人（ *Homo habilis* ）採集者，辛辛苦苦採了莓果，卻被一隻鳥給偷吃了，她氣得對那隻鳥一邊丟石頭一邊大罵，至於罵了哪些難聽的話，我們無法得知。另外，還有個倒楣的尼安德塔人，在攀爬岩壁追捕野山羊時，竟然一把摸到鴿子大便，這時他會怎麼幹譙，我們也只能依靠想像了。為什麼呢？因為喔，雖然人類在這個星球上已經居住了大約兩百五十萬年，但我們只有過去五千年有留下文史記載。儘管如此，鳥類顯然在我們的集體潛意識裡留下了印記，因為在人類各個文化的寫作和藝術作品中，都常出現牠們的蹤跡。

---

* 譯註：我們是人屬動物現存唯一的一支，叫「智人」。

接下來，我選了一小部分與鳥類有關的人類文物供各位讀者參考，這些物品和藝術品都以某種方式來呈現鳥類。無論這些歷史實例中的鳥類是日常用品上的裝飾物，還是在藝術家的作品中扮演著象徵性的角色，全都證明了我們與鳥類的古老關係。

藉由研究藝術和圖像，我們可以透過創作者的眼睛看世界，從而進一步了解那個時代和那個地區的人群。此外，藉由研究某物是如何被呈現，我們也可以試著憑直覺去感受那對當時的人們有何意義。

對我來說，這是個還在持續進行的研究課題，因此以下的選介僅是觸及皮毛而已。即便如此，這些內容絕對暗示了人類過去兩百五十萬年來的心聲：鳥類真是糟糕透頂。

雷姆凱墓室

(Tomb Chapel of Raemkai，西牆)

約公元前 2446~2389年

埃及

這堵古埃及墓壁的底部描繪了一幅引人入勝的捕鳥場景：畫面中間有一排男人，他們緊拉右邊一張大網的網綱，網內裝滿各式各樣的鳥兒。右邊有個人（fig.b）將毛巾舉過頭頂以示勝利，最左邊有另一個人（fig.a），也許不是那群男人的成員，似乎在說：「幹麼去弄那張網，這些鳥蠢的要死，你們一把就能抓住牠們的脖子啦！」

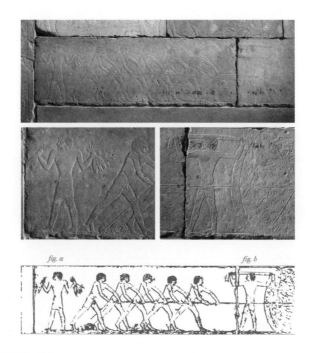

金戒指

公元前五世紀晚期

希臘

這枚古希臘戒指上的浮雕，描繪了愛神厄洛斯（Eros）向一位坐著的女性獻鳥求愛。請注意看她前傾的樣子，表情和姿態都顯現出一股堅毅決心，甚至還帶有義憤之情——她都快把這魯莽的笨蛋小天使給掐死了。

石灰岩雕廟宇男孩

公元前五世紀晚期

塞浦路斯(Cypriot)

這個廟宇男孩是由石灰岩雕刻而成,他隨意而坐,單手抓住一隻鳥的雙翅,把鳥放在身前的地上,另一隻手似乎握著一塊小石頭。他的臉上露出內疚又期待的微妙表情,我們大概能猜出接下來會發生什麼事了。

赤陶油燈壺

約公元40~100年

羅馬

這盞羅馬時代的赤陶油燈壺，顯然不只是擺好看的裝飾品，至於油池中央布置著停在樹枝的孤鳥，則可被視為純粹的裝飾性質。然而，這不也暗示了創作者嚮往放火燒鳥嗎？好像很有可能。

鳥飾手持鏡
公元二至七世紀
莫切（Moche）

大約從公元1~800年，莫切文明在古秘魯北部的海岸和山谷中蓬勃發展，這面用來裝飾的莫切手持鏡不禁讓我們想到，古人有很多虛榮感可能都跟現代人沒什麼兩樣吧。製作這面鏡子的藝術家，定然是將它設計成一個具實用功能的東西，但上頭的裝飾可能是為了提醒持有者：「對啦，你看起來還不賴，但別忘了鳥兒無處不在，你躲也躲不掉，牠們正在看著你呢。」

弓箭手射鳥獎章

約1240~1260年

法國

關於這個來自十三世紀的法國獎章，我們所知甚少，但我們確切可知：中世紀的弓箭手使用強力長弓的技巧相當嫻熟。從僅僅三十公分遠的地方去射殺一隻鳥，就像這裡描繪的那樣，展現出該名射手想要幹掉這隻鳥的慾望絕對是無人能擋。

愛神竊取人類的盾牌

阿戈斯蒂諾．韋內齊亞諾
(Agostino Veneziano，本名Agostino dei Musi)
約1514~1536年
義大利

沒錯，當然啦，這是在隱喻愛情和慾望如何剝除我們的情感盔甲，
如此這般⋯⋯我幾乎可以聽到藝術史家在那邊劈哩啪啦講個不停，
覺得自己對這幅十六世紀版畫的詮釋是那麼巧妙，得意的咧。但他
們從未談論過這個盜竊場景是如何藉由一個會飛的小肥仔來描繪
的，在這裡，愛神厄洛斯顯然是鳥類的隱喻，這個犯案的小壞蛋帶
著不屬於他的物品，利用長滿羽毛的雙翅飛走，就像一隻鳥在你放
好洋芋片然後去買啤酒時會幹的事一樣。仔細瞧，這個天真爛漫的
混蛋，看起來就一副爽歪歪的樣子。

嬰兒海克力斯睡著了

溫塞斯勞斯．霍拉爾(Wenceslaus Hollar)

約 1639 年

波希米亞

1607年出生於布拉格的溫塞斯勞斯·霍拉爾，是十七世紀產量數一數二高的波希米亞藝術家，他的蝕刻版畫非常有名。在這幅畫中，還是嬰兒的大力士海克力斯在樹蔭下睡著了，上方有兩隻鳥在樹葉間躁動爭吵，打擾了他平靜的午睡。霍拉爾出色地創作出一種昏昏欲睡、半夢半醒的困惑表情，似乎在說：「媽的咧死鳥，你們現在真的要來亂嗎？」小寶寶海克力斯當下得決定，要去睡回籠覺然後放著那些鳥繼續吵呢，還是乾脆爬起來去拿他的棍棒。

角鴞鶯鳥圖

喜多川歌麿

1790 年

日本

在浮世繪木雕版畫大師喜多川歌麿（1753~1806年）創作的這幅畫裡，我們可以看到一隻貓頭鷹坐在一對喋喋不休的「鶯」（顯然是歐亞鶯的灰腹亞種，*Pyrrhula pyrrhula griseiventris*）附近。兩隻鳥不斷嘰哩咕嚕談論著種子和嫩果，那隻貓頭鷹不敢相信牠們竟然話這麼多，多到牠翻白眼。這幅作品實在太動人了，幾乎可以感受到這位畫家超希望貓頭鷹把鶯鳥給吃掉，好讓牠們閉嘴。

少女與紅鸛

愛德加・竇加(Edgar Degas)
1860~1862年
法國

當竇加替這幅畫創作草圖時，他並沒有畫鳥，只有女人的肖像。他為什麼後來要在這位可憐的女士兩側畫上兩隻又大又紅又該死的鸛，而且往她身上擠，粗魯地侵犯她的身體邊界，實在是個謎。先不管她是誰，也許竇加是在畫了草圖但還沒上色之前，跟這女的發生爭執，所以他可能是在藉此表達：「嗨，還記得我嗎？這是妳該死的畫像。希望妳會喜歡這些又大又紅又犯賤的鳥喔！」

第四章

跟小鳥和睦相處

真相之一：鳥類無處不在。

真相之二：牠們根本不在乎我們，以及我們的感受。

賞鳥的時候，必須遵守倫理規範，不然喔，我們就不會比牠們高尚
到哪裡去。當然啦，這種煩人的雙標有時會讓人感到不公平，但是
我們要正向思考，如果你為了另一隻生物的福祉而採取光明磊落且
富同理心的行為舉止，這樣一來，最大的好處就是你完全有立場指
出牠在相同道德領域上的缺失。事實上，有人可能會認為這是無可
迴避的道德義務。天曉得啊？難道說那隻鳥最後真的會把你的一些
觀察和評論銘記在心，然後，當牠跑去你車上到處亂拉屎，或吃
掉你樹上所有櫻桃（甚至都還沒熟到能讓你享用幾顆）之前就有可
能會多想一想？我要表達的是，畢竟那些該死的櫻桃是你的啊，關
牠們什麼事啊？會不會牠們覺得要留下剛好夠做餡餅或水果派的櫻
桃，實在太麻煩了呢？

離題了。

我講到哪？哦，對，賞鳥的倫理道德。許多團體都把賞鳥倫理守則
給明文化了，這些團體覺得他們得寫出一大堆規則才行，因為如果
不這麼做的話，成立一個完全以賞鳥為宗旨的組織、選舉理監事、
做會議紀錄等等又有什麼意義呢？就只是一群人在那邊毫無章法地

看鳥啊，這怎麼行呢，對吧？不管怎樣，只要你願意，你都可以在網路上找到所有的資訊。如果你將那些東西拆開來看，絕大部分的內容都同意以下基本原則：

1. 以鳥類福祉為優先。
2. 盡量不要騷擾鳥類或影響牠們的行為。
3. 尊重鳥類，不要太靠近牠們或牠們的巢穴。
4. 穿著大地色系的服飾，盡量融入自然背景，以免驚嚇到鳥兒。
   （我發現這條規則有個意料之外的好處，就是能讓其他賞鳥者較難發現你的存在，他們之中很多人都有點煩。）
5. 不要播放錄音或鳥叫聲來吸引鳥類。因為牠們很蠢，所以這會分散牠們對重要活動的注意力，例如繁殖和餵養幼雛。
6. 不要打閃光燈拍照，鳥不喜歡。
7. 不要去抓鳥摸鳥。
8. 不要對鳥鬼吼鬼叫。
9. 不要擅闖私人土地。
10. 保持基本禮儀。
    「很遺憾，我們實在不該把這點納入規則，但在鳥類學會上次開會時發生那件事後，我們就覺得有必要了。我不該再透露更多了，但每個人都知道是在說你，布萊恩。」

如你所見，這些規則非常以鳥類為中心。但隨便啦。

如果你想被以禮相待，並且希望自身感受和個人空間都能受到尊重的話，那我建議你遠離賞鳥活動，趕緊去找另一項嗜好比較實在，因為鳥類是一群自我中心的混蛋，當牠們往你精心籌備的海灘野餐直直俯衝過去時，根本不在乎那樣會不會把你的一天給毀了。

說到底，身為賞鳥者，無論我們對鳥類的真實感受如何，我們都必須遵守這些倫理規則。否則我們就會失去道德優越感，然後讓鳥類開始相信牠們比我們更優秀——相信我，在那之後，就會陷入惡性循環直到一團混亂。

不過，我已經查閱過相關規則了，要是有群燕鷗從你頭上飛過並且厲聲尖叫打斷你說話時，並沒有什麼明確規定能阻止你對牠們比中指。

祝你鳥運亨通。

磨練你的認鳥功力

賞鳥者的學習資源和實作練習

鳥形容詞連連看

咱們來考驗一下你的知識！這是個有趣的練習方式，可以看看你對一些熟悉的鳥類類群以及牠們的共同特徵了解多少。從每個詞彙畫一條線，連到它所描述的類群。（答案在下一頁。）

提示：有些鳥可以連到多個跟牠們相關的詞，有些詞也可能描述不止一個類群的鳥。很混亂沒錯，但這就是鳥的德性。

動不動就興奮	雀、鷦鷯及鶯
精力旺盛	鴨子
社交狂	雁
好鬥	雉雞和松雞
雜亂無章	蜂鳥
吹毛求疵	烏鴉
自戀	啄木鳥
笨拙	鷺鷥
不要臉	鳾及旋木雀
自私自利	鷹和鵟

鳥形容詞連連看答案

讓我們看看你是怎麼連的！連對一條線得1分，連錯的就扣1分。然後查閱以下的評分表。

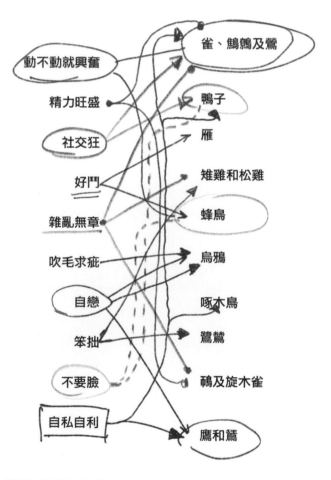

動不動就興奮
精力旺盛
社交狂
好鬥
雜亂無章
吹毛求疵
自戀
笨拙
不要臉
自私自利

雀、鷦鷯及鶯
鴨子
雁
雉雞和松雞
蜂鳥
烏鴉
啄木鳥
鷺鷥
鳾及旋木雀
鷹和鵟

評分表

-4分以下	哇，你也太遜了吧。
-3~2分	你好像不怎麼在乎。事實上，以這個測試來說，這可能是一種健康的態度。
1~6分	幹得好啊，你對鳥類算是略知一二。
7~12分	哦，那你現在算是鳥類專家囉？
13分以上	說真的，沒人喜歡愛炫耀的傢伙。

特徵清單

賞鳥的時候，如果能把鳥的特徵跟整體印象給記錄下來，這對你的研究、觀察和辨識都很有幫助。你可以將這份簡要的清單複製到你的野外筆記本中以供參考。也可以影印下來私下使用，但不要跟出版社說是我教你的。

體型
- ☐ 小
- ☐ 太小
- ☐ 中等
- ☐ 肥胖
- ☐ 高挑

姿態（停棲或站立時）
- ☐ 正常
- ☐ 挺立
- ☐ 散漫隨意
- ☐ 僵直死板
- ☐ 無精打采

行為
- ☐ 一直跳跳跳
- ☐ 就坐在那兒
- ☐ 無處不在
- ☐ 跑步

- ☐ 抓扒／挖掘
- ☐ 飛來飛去
- ☐ 游泳
- ☐ 漂浮在水面
- ☐ 盯著你瞧
- ☐ 啄啄啄
- ☐ 偷竊
- ☐ 其他_____

飛行
- ☐ 標準
- ☐ 不合標準
- ☐ 拍翅超快
- ☐ 盤旋或俯衝
- ☐ 不規則／蠢樣

個性
- ☐ 活力旺
- ☐ 興高采烈／天然呆

- ☐ 貪婪
- ☐ 懶惰／坐享其成
- ☐ 聒噪
- ☐ 太臭屁
- ☐ 呆滯／無趣
- ☐ 魯莽
- ☐ 其他_____

整體印象
- ☐ 就典型的鳥樣
- ☐ 還好，但沒啥特殊的
- ☐ 有點煩
- ☐ 一整個就是討厭
- ☐ 給個甲，甲賽的甲
- ☐ 居心叵測
- ☐ 可能會偷東西
- ☐ 其他_____

如何秒認那隻是啥鳥

要是有隻鳥動得超快，或被遮擋而無法看清時，就算老經驗的賞鳥者也可能難以確定種類。這就是為什麼我將多年的野外經驗提煉濃縮成這套「鳥人只能看一眼時的秒認大法」。只要加以練習，你應該就能精確描述，然後有效提昇辨識功力，即使只有瞄到一眼。

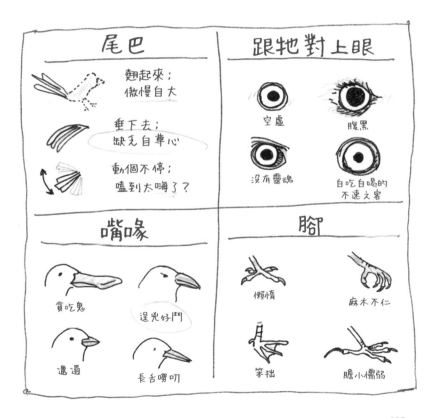

如何畫一隻鳥

要怎麼畫一隻鳥？這是個很好的問題，但這問題我基本上沒什麼資格來回答。對我而言，最初學習畫鳥是為了記錄在野外看到什麼東西。最開始的時候，這些圖畫相當簡略粗糙，但在日積月累的練習下，即便畫不出那些小鳥的精確外表，也越來越能反映出我所觀察到的鳥個性。

事實上，你不用把自己搞得像現代版的約翰・詹姆斯・奧杜邦（John James Audubon），在那邊追求精確的比例或羽毛的各種顏色和細節，因為奧杜邦那個噴滿顏料的萬事通，在一百多年前就已經做過這些事了。此外，我們也已經發明相機，所以還是面對現實吧，跟一臺搭配 200-500mm f/5.6 鏡頭的數位單眼相機相比，你絕不可能捕捉到比那相機還精確的鳥類身影。不過正如許多偉大肖像藝術家會跟你講的一樣，自己親手畫出眼前那隻王八蛋的真實面，仍然可以帶來極大的個人成就感。

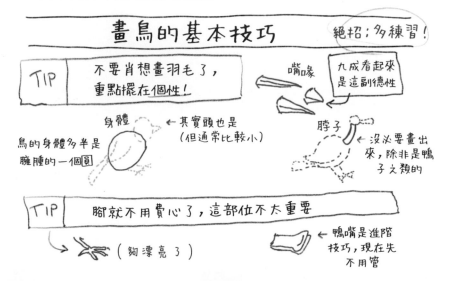

你自己來畫一隻該死的鳥看看

我開始覺得有點煩了。看在這些混蛋的份上，你自己去畫你的鳥啦。

在這裡畫畫看

試著捕捉牠的真面目！

致謝

特別感謝我的編輯貝卡・杭特（Becca Hunt），與她共事是相當愉快的經驗，而且若非她的機敏、幽默和寫作技巧，這本書肯定會整個爛掉。感謝我的出版社Chronicle Books在此過程中貢獻專業知識和技能的每個人，不管怎樣，你們都幫我讓這本書得以成真並出版問世。衷心感謝我的經紀人羅西・瓊克（Rosie Jonker），她從一開始就很支持，她的建議、鼓勵和為我所做的努力，讓我一直很高興能擁有她在我身邊。最重要的，是我長期忍受痛苦的妻子吉娜（Gina），謝謝妳，妳是如此愛我、支持我，對我這個人跟我的瘋狂想法堅信不移，只有比我優秀百倍的作家才能找到適當的文字來表達我的感激之情。

謝謝各位，在我生命中有你們這麼棒的人，我衷心感激。

參考資料

書籍和文章

Birkhead, T R; and Charmantier, I. December 15, 2009. "History of Ornithology." Wiley Online Library.

Cartwright, Mark. August 20, 2014. "Moche Civilization." *Ancient History Encyclopedia (ancient.eu)*.

Coghlan, Andy. August 7, 2014. "Cunning Neanderthals Hunted and Ate Wild Pigeons." *NewScientist.com*.

Darwin, Charles. 1837. "Notes on *Rhea americana* and *Rhea darwinii*." *Proceedings of the Zoological Society of London* 5 (51): 35-36. *Darwin Online*.

Fisher, Celia. 2014. *The Magic of Birds*. London: The British Library.

Harari, Yuval Noah. 2018. *Sapiens: A Brief History of Humankind*. New York: Harper Perennial.

Hardy, Jack. June 10, 2015. "Robin Crowned as Britain's National Bird after 200,000-strong Ballot." Independent.co.uk.

Haupt, Lyanda Lynn. 2009. Pilgrim on the Great Bird Continent: The Importance of Everything and Other Lessons from Darwin's Lost Notebooks. New York: Little, Brown and Company.

Lotz, C; Caddick, J; Forner, M; and Cherry, M. January 2013. "Beyond Just Species: Is Africa the Most Taxonomically Diverse Bird Continent?" South African Journal of Science 109 (5-6): 1-4.

Nicholls, Henry. April 2015. "The Truth About Magpies." *BBC.com*.

Reader's Digest Editors. 1990. *Book of North American Birds*. Pleasantville, NY: Reader's Digest Association.

Strauss, Bob. June 7, 2019. "10 Facts About the Passenger Pigeon." *ThoughtCo.com*.

Strauss, Bob. January 21, 2020. "Prehistoric Life During the Pleistocene Epoch." *ThoughtCo.com*.

網站

www.beautyofbirds.com

www.livingwithbirds.com/tweetapedia

www.metmuseum.org

www.onekindplanet.org

www.rspb.org.uk

www.wikipedia.org